感谢本册审读

北京天文馆陈冬妮博士

宇宙从何处开始

[法]艾蒂安·克莱因 著
[法]纪尧姆·德热 绘
[法]冯克礼　曾海云 译

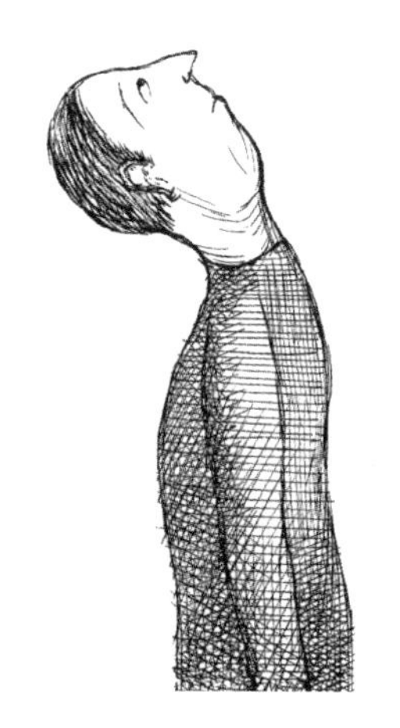

广西科学技术出版社

Étienne Klein
Dessins de Guillaume Dégé

Y A-T-IL EU UN INSTANT ZÉRO

CONTENTS 目录

宇宙来自何方？宇宙的概念从何而来？最开始的宇宙是怎样的？真的确定宇宙有起源吗？世界起源的问题吸引着我们，使我们的想象驰骋，让我们的灵魂着迷。**我们真的很想知道我们从哪里来，为什么宇宙是这样的，为什么我们人类会出现在宇宙中**。也许有人会觉得这些问题超出了我们的理解范畴，甚至称得上是最神秘的问题，一旦有言论声称能够阐明宇宙的来龙去脉，我们就会竖起耳朵，期待得到一个满意的答案。

关于宇宙起源的故事层出不穷：宏大的或是微小的，故事性强的或是弱的，**几乎每个社会都有自己的“世界史”**。无论出自何处，这些故事的多样性和丰富性，都奇怪的是，据说上帝创造了世界，而不是说上帝不断地创造着世界。为什么世界开始的时候比它继续存在的时候更神奇呢？

——路德维希·维特根斯坦

令人印象深刻。其中有些故事似乎证据确凿，确有其事。但很快，问题又出现了，我们的脑海重归混乱。

宇宙的起源超出了人类的智力所能理解的范围。宇宙存在于万物之上，没有人真正知道它到底是从哪里开始的，但这并不能阻止人们谈论它！接下来，让我们仔细看看关于宇宙起源，不同时期、不同民族的人们都说了些什么，了解了什么，以及还能想到什么。

路德维希·维特根斯坦
(1889—1951)：英国哲学家、逻辑学家，剑桥大学哲学博士。

关于宇宙起源的说法

似乎有各种各样的“神人”都见识过孕育宇宙的摇篮，并且让人类知道他们在那里看到了什么。但是故事的版本并不一致。**关于宇宙的起源问题，众说纷纭：宗教的、神学的、科学的、哲学的**……对一些人来说，宗教比科学更高级。据报道，**若望–保禄二世**在梵蒂冈接待**斯蒂芬·霍金**时曾对他说：“天体物理学家先生，我们一致同意，‘大爆炸’后的一切都是您的，但那之前的一切都是我们的……”对另一些人来说则相反，物理学的火炬从未如此强大过，它可以从宗教或神话手中抢走造物的

若望–保禄二世
(1920—2005)：
生于波兰，于1978年当选为教皇。

斯蒂芬·霍金
(1942—2018)：
英国物理学家，主要研究领域是宇宙论和黑洞。

波舒哀
(1627—1704)：
法国神学家。

我并没有想象创造一切事物的上帝，需要像一个"粗俗的工人"一样，找到他工作的材料，并利用它们做他的工作；当他行动时，他只需用自己的力量，就完成了他所有的工作。

——波舒哀

光芒，将其“放入囊中”，来重塑其含义。对于其他人而言，哲学才是他们需要去求助的对象，因为它是唯一能够整合我们的知识，启发它并赋予它意义的学科。

但是我们只能用所谓的令人信服的论点来说明宇宙的起源吗？

一神论宗教： 认为只存在一个神的宗教。

来自一神论宗教的答案似乎给了我们一些启示。他们描绘了一个会按动开关的超能的神。突然之间，天、地、光*都出现了。

*译者注：原文中用 *Lux fuit* 来指代光。*Lux fuit* 是拉丁文，表示光的诞生。

但这些故事并不能说明一切。例如，他们没有说在“宇宙零时”之前可能发生了什么。神为什么要这样做？他知道自己在做什么吗？在这个充满光、物质、能量和生命的世界里，他发现了什么样的足够令他愉悦的想法，让他最终决定按下了开关呢？这些都没有被真正解释给我们听。这是否意味着任何关于创造的描述都只能是不完整的？

为了找到答案，让我们跟随其他非宗教的线索看看，这些线索也声称能阐明宇宙的起源。根据一些说法，宇宙并不是像面包师傅做面包那样被“造”出来的：它并不是由一个制造者用事先便存在的“原料”塑造或是修改而成的，更像是从“虚无”中被创造出来的。“虚无”是一个奇怪的说法，因为这表示了从“空无一物”中可以生成某种存在……

康德
(1724—1804)：
德国哲学家，德国古典唯心主义的创始人。

让我们承认世界有一个开端。因为这个开端是一个存在，在它之前有一段时间，即事物不存在的时间。当世界不存在的时候，必然有一段时间，即一段空的时间。然而，在空的时间里，不可能会有什么东西诞生。

——康德

但是这又是如何实现的呢？**在既不存在，也不包含任何事物的概念下，也就是说“无”中，怎么能生“有”呢？**请不要急着回答！可能是因为不像我们可以轻易理解砖头、桌子这些实体的概念，我们的思维很难理解“虚无”，也就是“什么都不存在”这样的概念。

“虚无”是一种独特的状态，因为它带有自我毁灭的特性：当我们思考“虚无”的时候，我们的思维将其转化成另一种形式的存在——一种特殊的“空”的属性，就像是赋予物体或者材料以属性一样。然而依据定义，“虚无”并不能承载任何属性。**这便是“虚无”的悖论：研究和思考“虚无”实际上是不要研**

究和思考任何存在。

当我们试图确认“虚无”的存在，试图给予它属性时，便给予了“虚无”实体，从而“虚无”便不再是“什么都没有”的了。

描述宇宙诞生的神话故事和这些**“祖先的沉思”***（**巴什拉**），从一开始就断言在最开始就存在这样或那样的东西，从而避免落入“无”中生“有”的陷阱。他们想象最初的世界已经充满了某种东西，而不是产生于纯粹的虚无中。根据这些不计其数的**宇宙起源论**，这样的东西从一开始就已经存在，它可以是神、海洋、无形的物质、原始的卵、先于所有其他

巴什拉
(1884—1962)：
法国哲学家。

宇宙起源论：
解释宇宙的诞生、世界的创造的说法。

*译者注：“祖先的沉思”是巴什拉的著作中关于传统宇宙学的说法。

一个生命怎么可能消逝呢？它是如何诞生的？如果它诞生了，这意味着它以前不存在。因此即使有人说有一天它可能存在的话，实际上它之前也并不存在。如果它不存在，那么它的诞生就不会发生，所以它的消逝似乎是不可能的。

——巴门尼德

东西的超自然的存在，甚至是原始的混沌……

当谈到这些“前世界”时，总会有这样或那样的方式使宇宙运作起来。所以关于起源，我们的选择很广。但是，**在一件事情之后的某个开端，就是真正的开端吗？**

如果我们认真对待起源问题，难道不应该想到它不可能是之前存在的某种事物的结果吗？因为，要么这个已经存在的东西一直存在着，也就是说，它本身并没有一个开端，在这种情况下，宇宙没有一个适当的起源；要么它本身是在它之前的某物的延续或结果，在这种情况下，不能

巴门尼德
（约前515—约前445）：
古希腊哲学家。

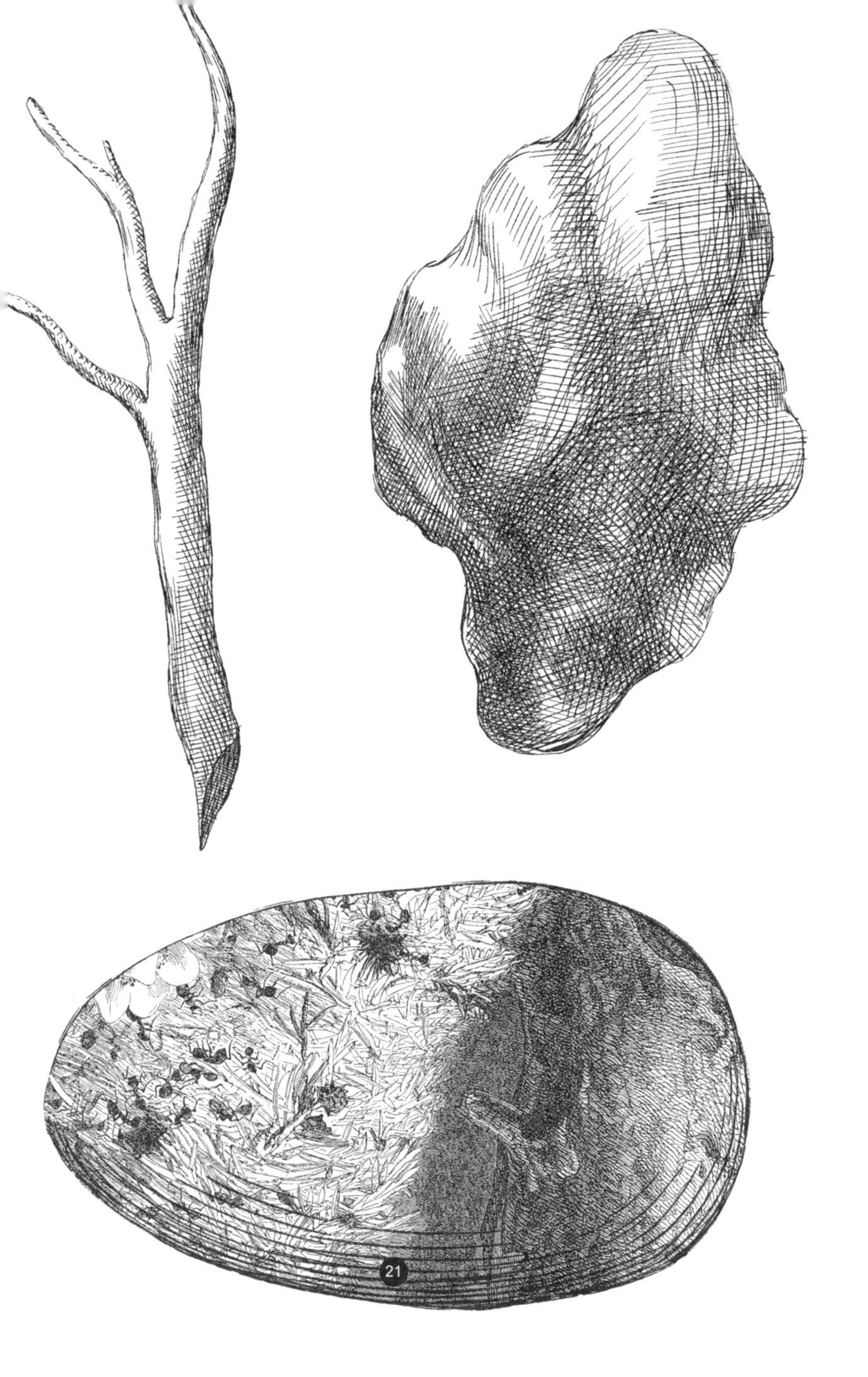

将其视为起源……

因此，了解宇宙的起源，不仅要试图描述它最古老的阶段，而且**首先要对宇宙从“一无所有”到至少有一物(或者某种存在)的过程提出疑问**。换言之，思考世界的起源就是认真地思考之前它的虚无，思考它的虚无是如何产生存在的。这把我们带回了从“无”到“有”的创造过程。我们是否会因此被谴责，不断地从一个悖论走向另一个悖论？

另一种设想宇宙起源的方式则道出了最初的“起因”：它的起源没有任何原因，它本身就是触发一切的开端。起源将是一个纯粹的事件，它并不是一个单一原因的结果，一个事件在发生之前没有任何先兆，什么都不存在，那么可以追溯到更远的事件也不再有意义。

按时间顺序来说，宇宙起源就是第一个创造性的事件，本质上完全不同于它所创造的一切，也不同于它之前的一切。这样，它就会回归独立的现实世界之外。

但是，当宇宙还不存在的时候，我们怎么能说“起因”呢？当我们所感知到的任何东西都没有模型可以作为参考时，又怎么能想象这样的过程呢？

为什么“有什么”比“什么都没有”更好呢？

——莱布尼茨

此外，这些故事似乎并不完整。**起源问题就像在我们的表象中挖了一个洞***，一个巨大的洞，以至于智力和想象力竭尽全力去填补它，却从未真正成功过。

莱布尼茨

(1646—1716)：德国哲学家、数学家和自然科学家。

*译者注：这句话的意思是想象也是建立在一定的基础之上的。

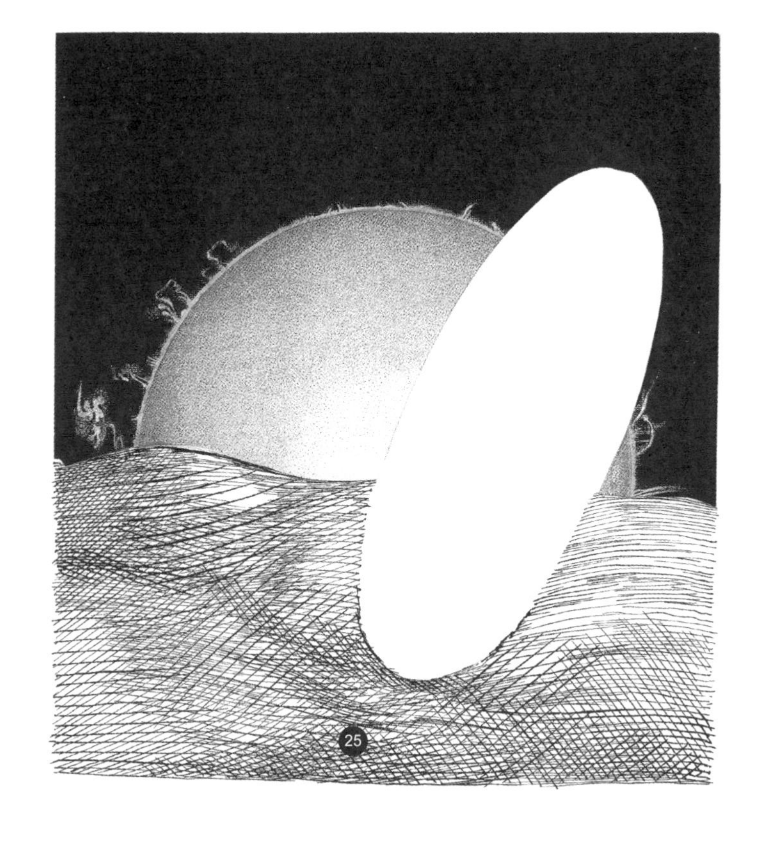

咬住尾巴的蛇

之所以说起源的问题如此吸引人，如此令人困扰，那可能是因为它处于两种对立思想的交会点。

第一种思想使我们相信，如果我们知道宇宙的真正起源，那么将通过这个事实得知整个宇宙的未来。这里认为宇宙起源于可以决定一切的神：故事的意义和结局将由故事的开头来书写，它们甚至可能包含在开头的某些元素中，因此对于我们来说，一旦知道了这个开头，就可以理解一切了。然后我们把想看到的放在我们对原始宇宙的想象中。因为神的存在能抚慰我们，或者它们增强了我们对自己的认识：和谐的人物形象，平静的秩序，无所不能和仁慈的存在，远远高于我们凡人的地位。这样，宇宙起源勾勒出了我们**最初想要居住的地方**的轮廓，但**我们被从那里驱逐出去了**。*

*译者注：“最初想要居住的地方”指伊甸园，“我们被从那里驱逐出去了”指亚当和夏娃偷吃禁果被逐出伊甸园。

第二种思想使我们相信，我们只有在理解之前存在的事物后，才能理解现存的事物。考虑到真理必然是永恒的，我们的理解是，每一个对真理的肯定都是可以反过来追溯的：如果它现在是正确的，那么它在过去也是正确的，即使只是在萌芽中。这就是**柏格森**“真理的逆向运动”，即当下把它的阴影投射到过去，给我们

柏格森
(1859—1941)：法国哲学家。

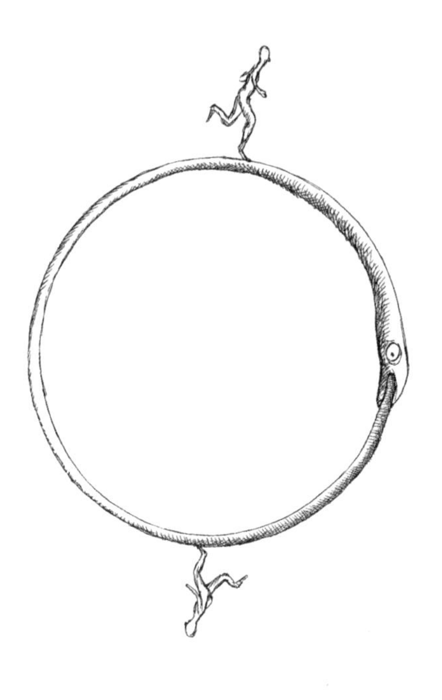

一种错觉：如果我们知道现在的全部的真理，那么我们将同时发现过去的真理，包括初始的真理。因此，我们把那些实际上在很久以后才出现的元素投射到宇宙的起源上了：空间、时间、物质、光、几何形

状、颜色……简而言之，通过在宇宙的起源中穿插一些它所产生的东西，我们创造出了一条咬住自己尾巴的蛇！

科学能帮助我们摆脱这种困惑吗？它真的能比创世神话或宗教做得更好吗？它是否有办法进一步**回溯到神秘的宇宙“零时间”**，还是它也注定要依赖一些“前世界”？要回答这些问题，我们必须先看看时间的历史。

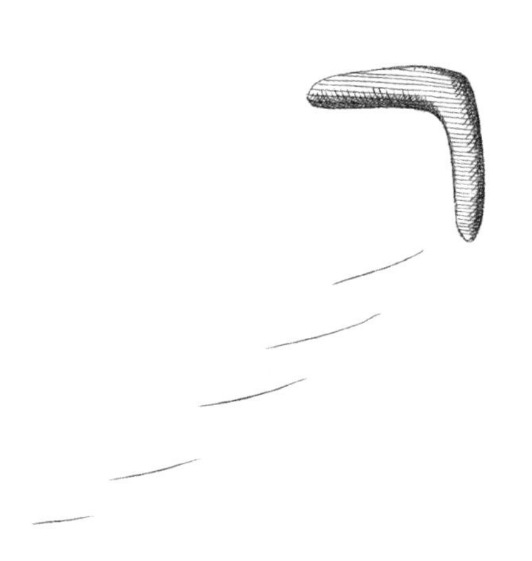

令人眩晕的时间深度

历史以只谈论记忆而自豪，但实际上它却常常忘记！例如，它忘记了在人类出现之前发生的事情，因为它忘记了物质的过去。它只跨越了几千年，而**宇宙(如果有开端)在约140亿年前就存在了**!这是科学家们在20世纪所能确定的，同时也为宇宙内部的其他一些非常古老的东西的起源提供了时间参考。

地球形成于约46亿年前，地球上的原始生命出现在约35亿年前，**而人类的出现只能追溯到约200万年前**!但这些数字都

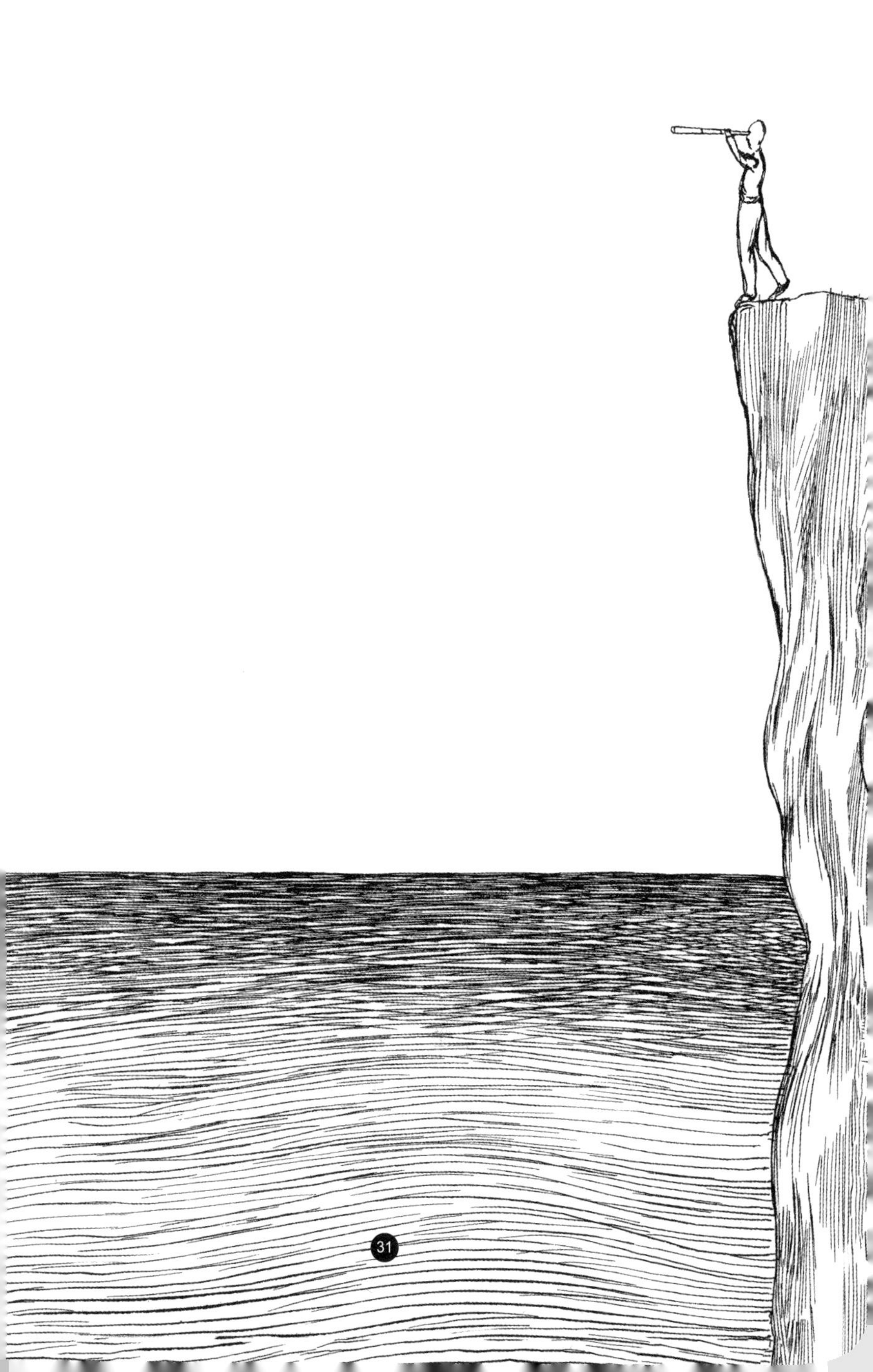

能大致告诉我们些什么呢？在宇宙的过去，存在着比地球上任何生命形式都古老的物体，发生了无数人类无法目睹的事件；**人类，一个最近才被定义的物种，近来才出现，并没有与宇宙所知或所经历的一切同步。**

想想看：200万年与140亿年相比，比例是1：7000！我们必须知道：**宇宙的绝大部分时间是在没有我们人类的情况下度过的！**

在我们的图形或图表上，时间轴总是用带有小箭头标记的直线表示。根据定义，直线是无限的，但时间轴是无限的吗？换句话说，时间线在过去和将来都是无限的吗？时间从过去到现在一直都有吗？将来还会存在吗？它会不会是一条有原点或起点的射线？如果是这样，我们能想象“零时间”吗？我们能够描述它，思考它，讲述它从何而来吗？哲学家、“形而上”学者和神学家都对这些问题进行过激烈辩论，但是，科学界的人对此没有什么可说的吗？当然有，至少在一定程度上有……

他遵循了自己的想法。这是一个固定的想法，他很惊讶自己也被“固定”了，没有前进。

——雅克·普雷维尔

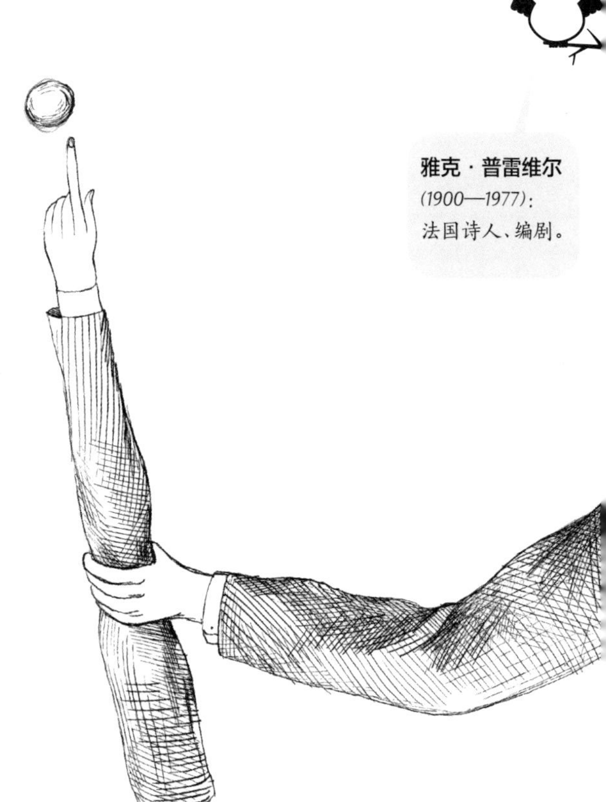

雅克·普雷维尔
(1900—1977)：
法国诗人、编剧。

宇宙的概念

今天我们知道，宇宙不是静止的，甚至可以像一个伟大的故事一样被阅读。这一认识是思想领域一次非凡冒险的结晶，历时数百年。但在20世纪30年代初，它突然有了一个新的含义，尤其是有了一个新的意义。**宇宙是有历史的，但在讨论可能的起源之前，我们有必要就我们所说的“宇宙”达成一致，**并牢记三件事。

第一，宇宙这个词的意义随着时间的推移从未停止过变化，这取决于人们对它的表述或者想象。今天，宇宙不再像某

些宇宙学所宣称的那样，坐落在一堆海龟或鲸上。它既不局限于太阳系，也不是古代人的宇宙，更不是一个包含所有物质的模糊的容器。

宇宙学： 天文学的一个分支，研究各种天体以及天体系统的起源和演化，也就是研究它们的产生、发展和衰亡的历史。

从科学意义上讲，“宇宙”的概念是一项很晚的发现，而且这发现还得归功于伽利略：**宇宙由单一的“物质”构成，受“普遍”定律支配，用数学语言表达，这些定律在任何地方和任何时候都适用。**

第二，将宇宙视为可能的科学研究对象，以其自身可测量的参数为特征，这一理念算是近期才有的，**因为人类研究宇宙的历史只有一个世纪左右。**

牛顿
(1643—1727)：英国物理学家、天文学家、数学家。

爱因斯坦
(1879—1955)：物理学家，生于德国，后入瑞士籍、美国籍。

“宇宙”作为一个科学概念，由伽利略率先提出；牛顿紧随其后，提出了第一个宇宙理论（万有引力定律）。但是宇宙的理论并没有像其他理论一样成为科学研究的对象，因为宇宙包含了一切，也包括它自己（不言而喻，因为容纳所有物理对象的容器本身就是这些对象之一）。为了完成这最后的跳跃，需要一个真正革命性的新理论——1916年爱因斯坦提出的广义相对论，能够将宇宙作为一个整体来把握，而不仅仅是把它当作一个巨大的容器。

——但是，爸爸，爱因斯坦说……

——让我清静会儿吧，别再跟我提邻居爱因斯坦的事了，我不想和他有任何牵扯。*

——费尔南多·雷诺

第三，说世界上的物体有历史，世界有历史或世界上存在着历史，并不意味着宇宙本身有历史。

“历史可能在宇宙中展开”这一观点，可能与最早的“世界历史”一样古老。什么样的宇宙历史不是在讲述宇宙中的故事？但这些故事只讲述宇宙中发生的事情，而不是宇宙本身。事实上，直到20世纪20年代，物理学家才能够确定宇宙在膨胀，而且它也有自己的历史……

* 译者注：此处为法国喜剧演员拿人们的无知开玩笑，意为爸爸未受过多少教育，以为爱因斯坦是隔壁邻居。

费尔南多·雷诺
(1926—1973)：
法国脱口秀演员。

宇宙有历史

正是在科学和技术的双重推动下，对宇宙本身的这种捕捉才得以实现，宇宙的膨胀才得以被揭示。**雅克·梅洛–庞蒂**对这一点进行了深入浅出的总结：相隔几年，“一位天才物理学家和一架天文学家所用的巨型望远镜，将一种我们不知道的宇宙景象带入了自然哲学：一是一个关于宇宙的新概念，二是一种我们不知道的宇宙新景象。我们不知道二者之中哪一种更令人惊讶，更令人振奋”。

雅克·梅洛–庞蒂
(1916—2002)：
法国科学家、哲学家和历史学家。

当然，这位“天才物理学家”就是

爱因斯坦，他在1916年提出了新理论——广义相对论。

牛顿将重力看作在两个巨大物体之间施加的瞬时引力——你可能已经知道牛顿与苹果的故事：一颗苹果从天而降，砸在牛顿的头上，向他展示了万有引力定律。

爱因斯坦对事物的理解与牛顿大不相同。在他看来，万有引力不是一种通过空间施加的力，而是物质与时空的变形效应。时空并非静态的和僵化的，而是动态的和可变的：它可以弯曲，可以扩展或收缩。

让·德·奥梅森
(1925—2017)：
法国作家。

上帝在创造世界之前就已经厌倦了。牛顿在草地上做白日梦时，看到万有引力牵引着苹果从他感到无聊的树上掉了下来。小人物在一堆通常毫无意义的鸡毛蒜皮中变得心烦意乱。伟大的人什么都不做，像笛卡儿一样，在发现哲学殿堂之前，正被孤独地锁在德国的一个火炉里……

——让·德·奥梅森

为了更好地理解爱因斯坦的理论，让我们想象一个铺着布的空间，在布的中间放一个金属球。如果轻轻摇晃这块布，它的表面就会出现凹陷和凸起，这些形变会迫使球移动。球在下坡时以较快的速度前进，而在上坡时则较慢。

因此，决定金属球运动方向的是布的表面的形状，即其“几何形状”。但球不是一个纯粹被动的物体，因为它的重量和它的运动也会改变布的形状。例如，仅仅是它的存在就会打乱后放上去的乒乓球的直线轨迹，就像有人在抖动那块布一样。

如果布是看不见的，而且是静止

的，会发生什么？人们可能会认为是瞬间产生了一种神秘的力量，将乒乓球从远处吸引到金属球的附近。这里我们可以用牛顿的解释来理解。爱因斯坦认为乒乓球运动所描绘的曲线只是根据看不见的布的形变而定的，而布上其他物体的运动所引起的几何变化，会在一定程度上延迟表现出来。

显然，作用在物体上的万有引力只是物体所在位置的几何形变的一种结果：时空的曲率使它移动，而它反过来又扭曲了时空的几何形状。

通过提供概念工具来描述宇宙的全局属性（不只是它的成分，如恒星或星系），广义相对论已经使宇宙成为一个真实的物理对象，精确地定义了它在物质、辐射和任何其他形式的能量中的时空结构和组成。**宇宙不再仅仅是一个概念：它变成了一种普通的、可描述的东西，一种可以用方程表达的客观存在。**

雅克·梅洛–庞蒂说的那位拥有巨型望远镜的天文学家，就是**埃德温·哈勃**。1929年，他通过安装在威尔逊山上的望远镜发现了以他的名字命名的定律——哈勃定律，即河外星系的视向退行速度与星系的距离成正比，距离越远，视向速度越大。

埃德温·哈勃
(1889—1953)：
美国天文学家。

事实上，并不是星系在宇宙中因移

动而彼此距离越来越远，而是宇宙本身在扩张，星系间的距离也随之增大。**宇宙不是静止的，而是处处膨胀的。**

知道了这一点以后，我们如果可以把宇宙这部电影进行倒带，就会看到在很久以前，宇宙比现在小得多，密度也大得多。因为它被压缩得更紧，所以也更热。

如果根据爱因斯坦的方程，把这种情况尽可能地推演到过去，我们最终会得到**一个宇宙大爆炸诞生的“零维”空间的点——一个奇点，其特点是温度无限高、密度无限大。**

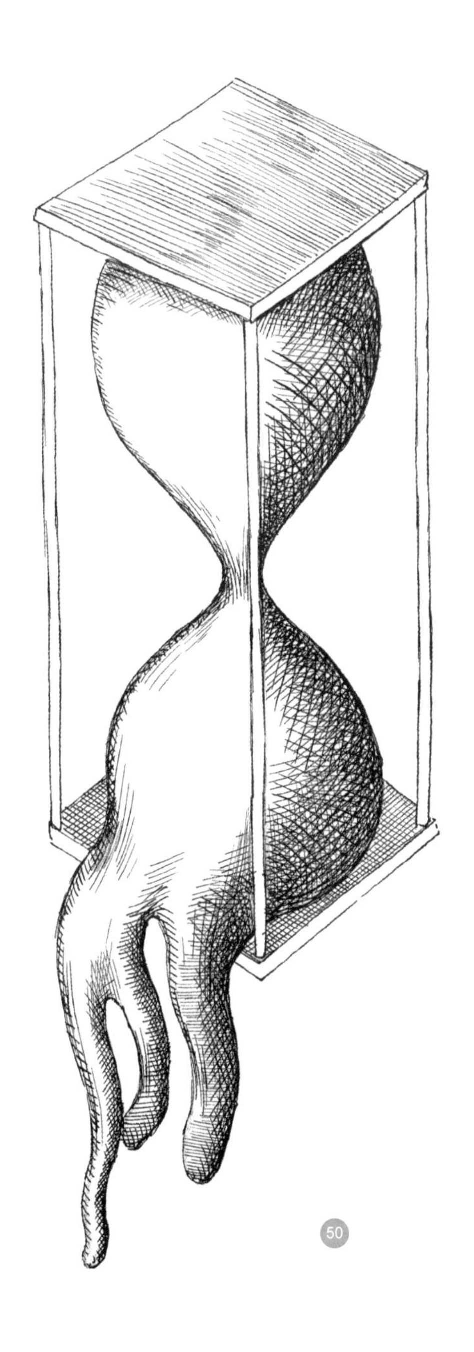

爱因斯坦和哈勃是宇宙学这门新科学的两位先驱。但我们也必须提到苏联的**亚历山大·弗里德曼**和比利时的**乔治·勒梅特**。

亚历山大·弗里德曼
(1888—1925)：苏联物理学家和数学家。

乔治·勒梅特
(1894—1966)：比利时天文学家和物理学家。

亚历山大·弗里德曼在1922年发表的一篇题为《论空间的曲率》的文章中论证，爱因斯坦引力场方程包含了各种与非静态宇宙相对应的解：它们所包含的空间随时间的推移而变化。这使我们认识到，爱因斯坦的引力理论允许不稳定宇宙的存在，这意味着宇宙可能有一个起源……

1927年，乔治·勒梅特甚至在埃德温·哈勃观测之前，就率先提出了宇宙膨胀的假设。然后，在20世纪30年代初，他提出了“原始原子”的假设，为“大爆炸”概念的形成与发展奠定了基础，但当时人们对这一假设持怀疑的态度。

世界的演变可以比作刚刚熄灭的焰火，空中有些许红色的丝缕、灰烬和烟雾。我们站在更冷的余烬处，看到太阳慢慢消失，试图恢复世界形成之初的光辉。

——乔治·勒梅特

哈勃发现宇宙膨胀的物理后果，即宇宙的内容也在变化（这也是大爆炸理论的观点），没有被立即认可。直到1964年，由于发现了一种非常特殊的辐射——“宇宙微波背景辐射”，科学界才终于看到了大爆炸的证据，而且随着时间的推移，宇宙的温度必然会下降。

这种古老辐射的存在表明，在遥远的过去，宇宙必然经历了一个密度大得多、温度高得多的阶段。这代表了什么？

在大爆炸之后的38万年里，光在宇宙中无处不在，但它不能在宇宙中自由流动。光子，即构成光的微小粒子，在无法立即与其他粒子（如电子或质子）碰撞的情况下，就不能迈出最微小的一步。因此物质阻碍了光的传播。

随着体积的增大，宇宙的温度下降了。当其值仅为3000开尔文时，电子可以与原子核结合形成原子。当光子与原子相互作用时，它们最终会自由地扩散到宇宙中。这就是宇宙中最古老的光，这种光在被囚禁了38万年之后，突然间被释放出来，构成了“宇宙微波背景”。在某种程度上说，这是宇宙在遥远的过去，也就是在它很年轻时所经历的非常热的那个阶段留下的痕迹。

开尔文：
热力学温度单位。

今天，宇宙学是一门根基牢固的科学。由

于研究仪器不断改进，物理学家们越来越理解宇宙的特性。通过公式推算和实际观测验证，他们能够获得有关宇宙构成、规模及其演变的准确信息。我们现在确切地知道宇宙不是一个静止的实体，它曾经有过，而且将继续书写一段历史，于是我们倾向于相信它必然有一个开端。但我们就是对的吗？

什么叫“大爆炸”

严格意义上说，**“大爆炸”指的是约140亿年前宇宙经历的密度非常大、温度非常高的时期**。但是它通常被用来表达一种完全不同的意义：宇宙诞生最初的爆炸。它创造出所有存在的事物，换句话说，**大爆炸的瞬间标志着空间、时间、物质和能量同时出现**。因此，在日常语言中，它已被默认为表示“宇宙的诞生”，这个物理学上的概念等同于宗教上的那句有名的“要有光”。

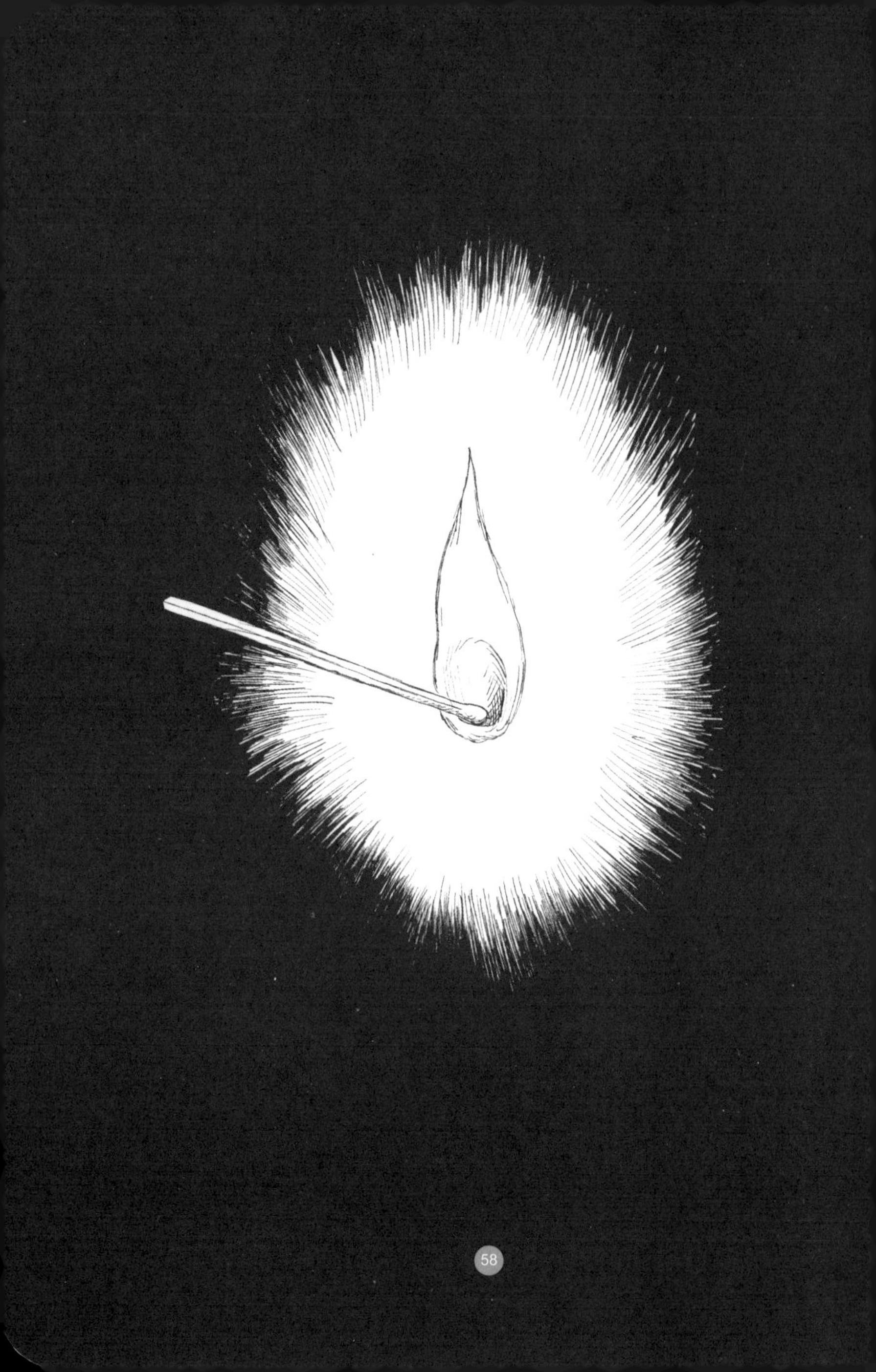

一切都是这样开始的：不慌不忙的上帝正在制订计划，然后，在一种过度浓缩的气体中爆出一声：砰！（这会被记录下来吗？）一根火柴突然被他划着了！

——雅克·里达

雅克·里达：
生于1929年，
法国诗人。

乍一看，这并不矛盾：如果我们以“倒带”的方式观察宇宙，我们可以看到星系彼此越来越近，宇宙在不断缩小。如果我们相信广义相对论的话，那么整个宇宙可被压缩成一个奇点——一个体积为零的点。换句话说，如果我们把时间倒转，回到那个约140亿年前就出现的“零时”，会发现它与物理学家所称的“初始奇点”直接相关：这种情况下温度会变得无限高，密度会变得无限大。

现在，是什么阻止了我们把这个最初的奇点看作宇宙的真正起源呢？从表面上来看，似乎什么也没有，但如果你更仔细地观察的话……

自1950年起，我们谈论宇宙大爆炸的方式并没有改变。当它得名并开始普及时，天体物理学和宇宙学领域就有很多事情发生了，以至于我们不得不改变我们对“大爆炸”的思考方法，进而改变我们谈论它的方式。

我们了解了什么新事物？在20世纪50年代，对宇宙的描述完全基于广义相对论的方程，正如我们所见，广义相对论方程描述了引力的相互作用。

然而，回到过去，宇宙的体积逐渐缩小，物质最终会遇到非常特殊的物理条件。广义相对论无法描述这些条件，因为引力以外的许多种力都发挥了作用，比如

有了墙，后面会发生什么？

——让·塔尔迪尤

电磁力和核力，它们决定了物质粒子的行为，特别是当温度变得很高、密度变得很大时。

由于广义相对论没有考虑这些力中的任何一种，物理学家们明白，单靠它无法描述宇宙的最初时刻。当宇宙中存在的粒子被赋予巨大的能量，经历除引力以外的其他力的相互作用时，广义相对论方程就失去了所有的有效性。

让 · 塔尔迪尤
(1903—1995)：
法国作家和诗人。

为了面对原始宇宙的状况，并且能够谈论它，物理学家必须越过**“普朗克墙”:宇宙历史上的特殊时刻,一个存在于约140亿年前的阶段。**

关于这个阶段，物理学的前沿科学在描述更接近宇宙源头时发生的事情时也是无能为力的。“普朗克墙”意味着，如果宇宙有起源的话，它阻止我们研究宇宙的起源。“墙”是我们的物理学概念的有效性或作用的极限。

因此，我们如何才能更好地、更全面地描述原始宇宙，即这个超热、超密的阶段呢？理论家敢于提出各种假设：时空不是四维的，而是六维的；或者，在小范围内，它不是连续的，也不是平滑的，这意味着它是由小点组成的；或者，从理论上讲，它可以从更基本的东西中推导出来，这里指的不是时空……重要的一点是，所有这些理论都有一种特性，即对宇宙“零时”给出一个大致的时间；当我们把它们应用到宇宙历史上最遥远的阶段时，我们发现计算结果不再显示“初始奇点”！因此，不再有宇宙初始时刻！每一件事情的发生似乎都不会导致宇宙不曾诞生，但至少可以把宇宙起源排除在外……

无论如何，他们都没有给“无”中生“有”的概念赋予实质内容，这迫使我们重新评估我们对“大爆炸”的思考方式。例如，一些理论模型现在将其解释为，“大爆炸”不是奇点，而是一个极为

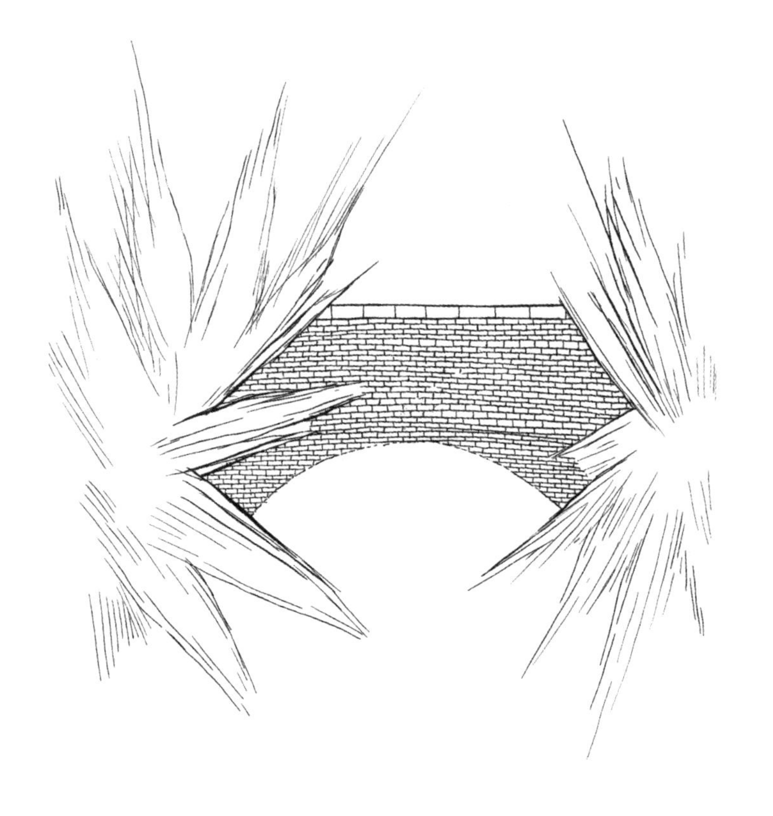

稠密的阶段，它将充当我们不断膨胀的宇宙和另一个宇宙之间的“桥梁”，这“另一个宇宙”可能先于它存在，但处于一种收缩的状态。**在这样的背景下，“大爆炸”不再能与宇宙的起源混淆。**

因此，这个问题是开放的，而不是封闭的：没有人能够科学地证明宇宙有起源，也没有人能够科学地证明宇宙没有起源。因此，二者只能选其一。要么宇宙有起源，而科学尚未掌握这个起源：它是从虚无之中提取出来的，但如何提取却是难以名状的，因为你不能从虚无中得到任何东西……或者说宇宙是没有起源的：在这

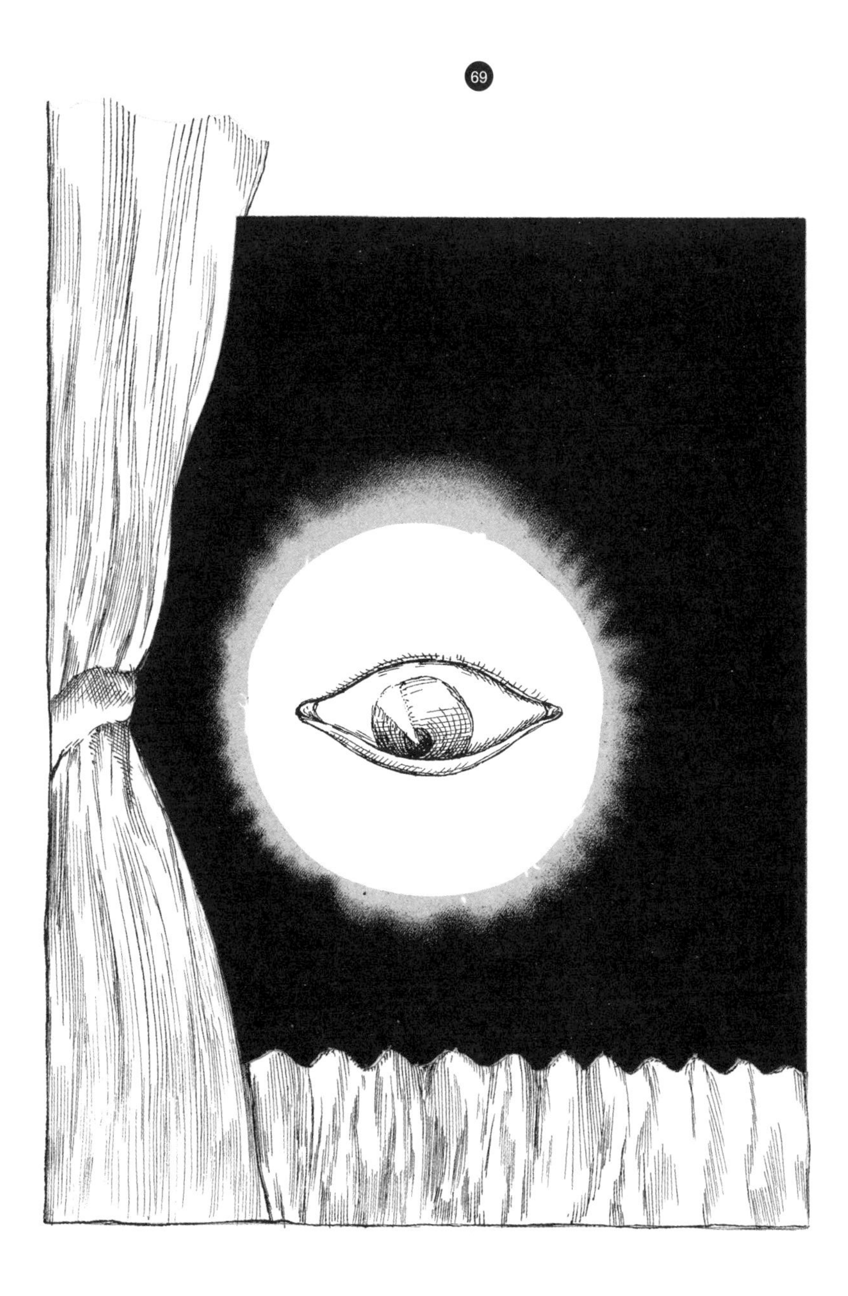

种情况下，总是有“某物”存在，而从来没有“虚无”这种东西。因此，**宇宙起源的问题只是一个提法不恰当的古老的问题。**

图书在版编目（CIP）数据

宇宙从何处开始 /（法）艾蒂安·克莱因著；（法）纪尧姆·德热绘；（法）冯克礼，曾海云译. —南宁：广西科学技术出版社，2021.3（2022.5重印）
（思考的魅力）
ISBN 978-7-5551-1516-8

Ⅰ.①宇… Ⅱ.①艾… ②纪… ③冯… ④曾… Ⅲ.宇宙—青少年读物 Ⅳ.①P159-49

中国版本图书馆CIP数据核字（2021）第013284号

YUZHOU CONG HE CHU KAISHI

宇宙从何处开始

[法]艾蒂安·克莱因 著　[法]纪尧姆·德热 绘　[法]冯克礼 曾海云 译

策划编辑：蒋 伟 王滟明　责任编辑：蒋 伟
版权编辑：尹维娜　责任校对：张思雯
装帧设计：潘振宇 774038217@qq.com
责任印制：高定军

出 版 人：卢培钊　出版发行：广西科学技术出版社
社　　址：广西南宁市东葛路66号　邮政编码：530023
电　　话：010-58263266-804（北京）　0771-5845660（南宁）
传　　真：0771-5878485（南宁）

经　　销：全国各地新华书店
印　　刷：北京尚唐印刷包装有限公司　邮政编码：101399
地　　址：北京市顺义区牛栏山镇腾仁路11号
开　　本：787mm×1092mm 1/32
字　　数：18千字　印　　张：2.25
版　　次：2021年3月第1版　印　　次：2022年5月第5次印刷
书　　号：ISBN 978-7-5551-1516-8
定　　价：18.00元